Dagmar Götz

Die wichtigsten Bodentypen Mitteleuropas

Einführung in Vorkommen, Nutzung und Methoden der Bodenkunde

Die wichtigsten Bodentypen Mitteleuropas

Einführung in Vorkommen, Nutzung und Methoden der Bodenkunde

Dagmar Götz

Die wichtigsten Bodentypen Mitteleuropas

Einführung in Vorkommen, Nutzung und Methoden der Bodenkunde

GRIN Verlag

Bibliografische Information der Deutschen Nationalbibliothek: Die Deutsche Bibliothek verzeichnet diese Publikation in der Deutschen Nationalbibliografie; detaillierte bibliografische Daten sind im Internet über http://dnb.d-nb.de/ abrufbar.

1. Auflage 2004
Copyright © 2004 GRIN Verlag
http://www.grin.com/
Druck und Bindung: Books on Demand GmbH, Norderstedt Germany
ISBN 978-3-640-89257-0

Die wichtigsten Bodentypen Mitteleuropas

Einführung in Vorkommen, Nutzung und Methoden der Bodenkunde

Inhalt

Vorwort

Zur Bodengeographie und Bodenkunde, zur Vegetationsgeographie und zur Botanik mit ihren vegetationskundlichen Methoden gibt es eine Unzahl von Fachbüchern. Wer sich hierfür interessiert, kann sich hier einen ersten Ein- und Überblick verschaffen. Grafiken und Abbildungen, empfehlenswerte Literatur und Internetadressen zu bodenkundlichen Datenbanken sollen die Lust an der Vertiefung in diesem Fachgebiet fördern.

Dieses Büchlein ging aus der Überarbeitung einer bodenkundlich-vegetationskundlichen Seminararbeit in der Botanik und überarbeiteten Auszügen aus einem Vorlesungsskript zur Bodenkunde im Fachbereich Geographie hervor. Diese Zusammenstellung ist also für all jene gedacht, die sich zunächst für eine fachliche Einführung in die Bodenkunde interessieren, um dann vertiefende Studien folgen zu lassen. Und es soll Studenten und Studentinnen der Biologie und Botanik, der Geographie, der Bodenkunde oder auch der Geologie bei der Erstellung ihrer Studienarbeiten als Orientierungshilfe dienen.

Im März 2011
Dagmar Götz

1. EINLEITUNG

Böden sind die wichtigste Grundlage unserer Nahrungsmittelerzeugung und bedürfen zum Erhalt ihrer Ertragskraft besonderer Beobachtung und Pflege. Bodenentwicklung, Aufbau, Bodentypen und Nutzungsmöglichkeiten in den unterschiedlichen Klimazonen der Erde sind daher für jeden in der Agrarwirtschaft Tätigen von größtem Interesse.

Diese Arbeit widmet sich den Böden Mitteleuropas und den Methoden der Vegetations- und Bodenkunde. Die besprochenen Böden liegen in der Zone der Feuchten Mittelbreiten (SCHULTZ 2002: 136ff) mit ihrem wechselhaften, niederschlagsreichen Klima, ausgeprägten Jahreszeiten und einer Vegetations- periode von etwa einem halben Jahr und länger. Die Bodenvorkommen Deutschlands können daher als charakteristisch für diesen Raum angesehen werden.

Generell werden die Böden Deutschlands der Zone der Braun- und Parabraun- erden zugeordnet. Je nach Höhen- und Breitenlage entwickelten sich weitere typische Bodengesellschaften wie Podsolböden im Norden und Nordosten oder Gebirgsböden in den Alpen.

Die Nutzungsmöglichkeiten sind vielfältig, selbst bei nährstoffarmen Böden gibt es Verfahren zur Bodenverbesserung, sog. Meliorationsmaßnahmen.

Kapitel zwei startet mit den chemisch-physikalischen Bedingungen der Bodenentwicklung und der Bedeutung von Bodenprofilen.

Kapitel drei behandelt Aspekte der Bodenfruchtbarkeit, die Bewertung von Böden, die Bodenentwicklung im chronologischen Ablauf der Erdgeschichte und bietet einen orientierenden Gesamtüberblick zur Erdgeschichte.

Kapitel vier führt in die Bodensystematik ein. Kapitel fünf befasst sich mit den wichtigsten Bodentypen, Bodenprofilen mit schematischen Darstellungen des Aufbaus, ihren Vorkommen und Nutzungsmöglichkeiten in Mitteleuropa.

Kapitel sechs widmet sich den Aueböden in Flusslandschaften, die heute stark landwirtschaftlich genutzt werden.

Ein Fazit schließt die Einführung in die Bodengeographie Mitteleuropas mit ihren vegetations- und bodenkundlichen Methoden ab.

1.1 Definitionen

Definition „Boden" nach LAATSCH und SCHLICHTING (1959):

Ein Boden ist ein beliebiger, dreidimensionaler Ausschnitt aus der Pedosphäre
von der Streu bis zum anstehenden Gestein (dies.1959: 98)

Definition nach Prof. Dr. E. BIBUS (2001) :

Ein Boden ist das von der Erdoberfläche verwitterte und
durch Lebewesen veränderte Gestein (GÖTZ 2002, Vorles.skript).

2. FAKTOREN DER BODENENTWICKLUNG

2.1 Voraussetzung für die Bodenentwicklung: Verwitterung

a) Physikalische Verwitterung:
  - Temperaturwechsel/Insolation
  - Auskristallisation von Salzen
  - Pflanzenwurzeln

b) Chemische Verwitterung:
  - Hydratation (Ionen mit Hydrathülle) und Hydrolyse z.B. Kalk
  - $CaCO_3 + H_2CO_3 \longrightarrow Ca(HCO_3)_2$
  - Säurewirkungen, Oxidation

2.2 Exogen bodenbildende Faktoren

  - **Klima**
  - **Relief und Exposition**
  - **Wasser (incl. Haft- u. Kapillarwasser)**
  - **Ausgangsgestein**
  - **Flora und Fauna**
  - **Anthropogene Einflüsse**
  - **Zeit**

2.3 Pedogenese (Bodenentwicklung)

Böden entwickeln sich meist nicht direkt im anstehenden Gestein sondern auf dem umgelagerten Gesteinsschutt.

Wichtige Prozesse bei der Bodenentwicklung, der Pedogenese, sind folgende:

- Bodendurchmischung durch chemisch-physikalische Prozesse wie **Bioturbation** (Regenwürmer, Maulwürfe, etc.), Durchwurzelung bis in 1 m Tiefe, sog. Selbstmulcheffekt.
- **Humusakkumulation**, entstanden aus Streu, toten Organismen und Huminsäuren.
- **Salz- und Kalkverlagerung** durch Lösung der Salze (Ca- und Mg-Carbonate), Anreicherung bzw. Ausfällung in tieferen Bodenschichten. Hohe CO_2-Gehalte der Niederschläge und niedrige pH-Werte beschleunigen den Prozess (saurer Regen).
- **Verbraunung**: Eisenfreisetzung bei Mineralienverwitterung durch Hydrolyse. Eisenoxidation, Braunfärbung durch Goethit (FeOOH), pH < 7, meist verbunden mit Erhöhung des Tongehalts/Tonneubildung (z.B. Illit, Smectit), **Verlehmung.**
- **Tonverlagerung** (Lessivierung): Ton im dispergierten Zustand, meist salzfreies Milieu, pH 4-7, Tontransport in größere Poren/Schrumpfungsrisse, schichtige Ablagerung, Bodenverdichtung.
- **Podsolierung**: Verlagerung organischer Stoffe, Aluminium-, Mangan- und Eisenverlagerung, durch saure Reaktion des Rohhumus bilden sich metallorganische Komplexe. Ausfällung der Komplexe in tieferen Schichten durch pH-Anstieg. Ortsteinbildung im sog. Illuvialhorizont möglich.
- **Pseudovergleyung** und **Vergleyung**:
  Wasserübersättigte Böden/Staunässe und Sauerstoffmangel. Reduzierende Reaktionen und Verlagerung, dadurch Horizontbleichung. Bei Wasserverdunstung und O_2-Zutritt altern die amorphen Oxide zu Goethit/Lepidokrokit, bei relativ durchlässigen Substraten entstehen Konkretionen.
  - Vergleyung: Ständige Wassersättigung durch hohen Grundwasserstand. Durch Vernässung entsteht im Boden Sauerstoffmangel, gelöste Eisen- und Manganoxide steigen mit dem

Kapillarwasser in nicht wassergesättigte Bodenhorizonte auf, oxidieren dort und fallen aus.

- o Pseudovergleyung: Sickerwässer dringen in den stauenden Teil des Bodens, dort in Großporen und Risse ein, lösen die Oxide („bleiche Leitbahnen") und transportieren sie in benachbarte Bodenbereiche.
- o In Trockenperioden bilden sich Oxidflecken oder/und Oxide fallen als Konkretionen aus (vgl. SEMMEL, 1993: 20ff).

2.4 Bodenprofil und Horizonteigenschaften

Bei der Grabung eines Bodenprofils wird der Boden in der Senkrechten auf-gegraben, wenn möglich auch bis zum anstehenden Gestein. Auf diese Weise zeigt sich schon rein visuell, dass ein Boden aus verschiedenen Bodenschichten aufgebaut ist, erkenntlich an der unterschiedlichen Färbung der so genannten Horizonte.

In der Regel können drei Bodenschichten bzw. Horizonte (A – B – C) optisch gut von einander getrennt werden. Großbuchstaben geben den Hauptboden-horizont an, Kleinbuchstaben stehen für die spezifischen Merkmale des jeweiligen Horizonts (Abb.1):

A h	**A – Horizonte** / Humushorizont		
A l	/ lessivierter, tonausgewaschener	**Ober-**
	Horizont	**boden**
(Ae)	/ Eluvialhorizont, gebleichter Horizont	
B h	**B – Horizont** / mit Humusstoffen angereichert	**Unter-**
B t	/ Tonanreicherung	**boden-**
(Bs)	/ Anreicherung von Sesquioxiden	**hori-**
B v	/ verbraunter, lehmiger Horizont	**zont**
C v	**C – Horizont** / verwitterter Übergangshorizont,	**Aus-**
	Festgestein	**gangs-**
C c	/ $CaCO_3$ angereicherter Horizont,	**gestein**
	Festgestein	

Abb.1: Schematisches Bodenprofil.
GÖTZ 2002, eigenes Vorlesungsskript, nach BIBUS (2002, Vorlesung)

Die Kleinbuchstaben geben spezifische Eigenschaften des jeweiligen Horizontes an, dargestellt sind hier die häufigsten Horizonte für Mitteleuropa (Abb. 2). Weitere Bezeichnungen finden sich bei SEMMEL (1993: 26ff).

Bedeutung der Symbole für die Horizontbenennung:

Ah – Oberboden Humushorizont, biogen gebildet	Cv – verlehmter/verbraunter C-Horizont
Al - lessivierter (ausgewaschener) Oberbodenhorizont, heller, an Ton verarmt z. B. Parabraunerde	Cc – karbonathaltiges Festgestein, mC - Massivgestein
Ae – eluvial (verarmt, ausgelaugt) Horizont, hellgrau, holzaschefarbener Podsolboden	T – Lösungsrückstande von Kalkgesteinen P - plastischer Tonhorizont zwischen A- u. C- Horizont aus Schieferton, Mergeln u. a.
Bh – humoser B-Horizont (illuvial – eingeschwämmt)	L - unzersetzte Pflanzenreste (L = Lage) Oh/Of – Humushorizont / Vermoderungs-Horizont
Bt - tonhaltiger B-Horizont (illuvial)	Go – Oxidationshorizont eines Grundwasserbodens z. B. Gley-Böden
Bs - Sesquioxide im B-Horizont (illuvial)	Gr – Reduktionshorizont eines Grundwasserbodens
Bv – verbraunter/verlehmter Horizont durch Verwitterung z. B. bei der Braunerde	nH – neue, frische Torfschicht, evtl. mehrer Lagen (x) H = humos

Abb. 2: Horizonteigenschaften.
GÖTZ 2011, Darstellung in Anlehnung an SEMMEL (1993: 26ff)

3. BODENFRUCHTBARKEIT UND BODENBEWERTUNG

Die Bodenfruchtbarkeit wird von weiteren Faktoren außer jenen Faktoren,
die bereits angegebenen wurden, beeinflusst (vgl. Semmel, 1993: 35ff):

- Die Entwicklungstiefe, d. h. die Mächtigkeit des Solums,
  der Entwicklungsgrad vom Rohboden bis zur Schwarzerde
- Die Gründigkeit (Mächtigkeit des Lockergesteins über festem Gestein)
- Die Durchwurzelbarkeit und das Bodengefüge
- Die Wasserverfügbarkeit in der Bodenwasserzone
- Grundwasserspiegel

3.1 Das Wasser im Boden

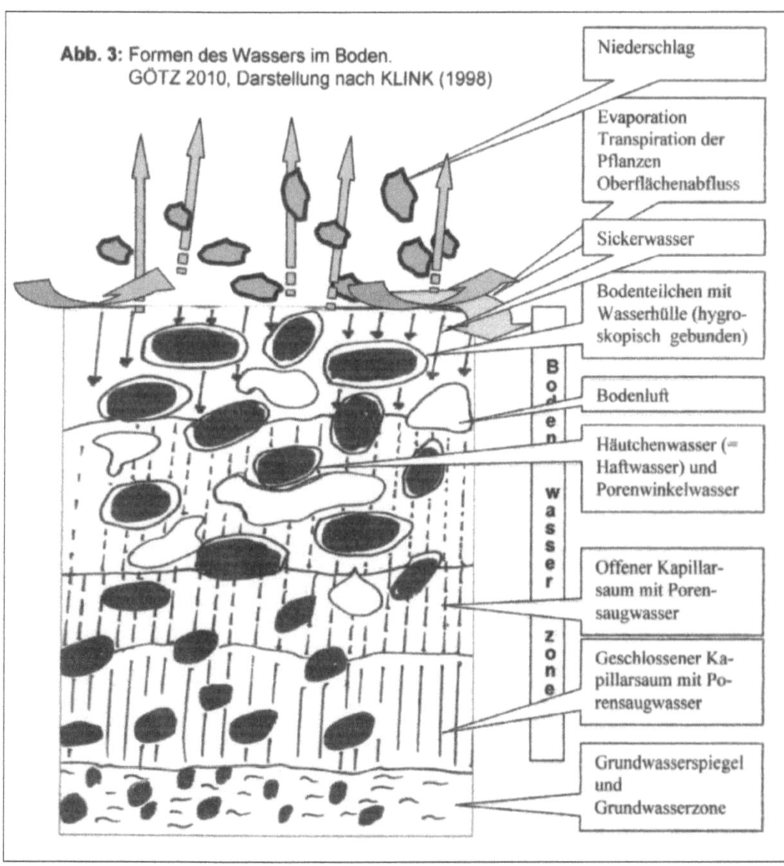

Abb. 3: Formen des Wassers im Boden.
GÖTZ 2010, Darstellung nach KLINK (1998)

Über die Niederschläge dringt das meiste Wasser in den Boden ein (Sickerwasser). Ein Teil des Niederschlags verdunstet sofort wieder (Evaporation), ein
anderer Teil fließt oberflächlich wieder ab (Oberflächenabfluss).

Vom Sickerwasser, auch Gravitationswasser genannt, sickert ein Teil bis zur
Grundwasserzone durch, ein anderer Teil wird in den oberen Bodenschichten
gebunden. Die Bindung erfolgt als Haftwasser an kolloidale Bodenteilchen,
hauptsächlich an Tone und Huminstoffe, in Form einer Hydrathülle, und an
Kapillaren/Poren als Kapillarwasser (Abb. 3). Gerade vorhandenes Kapillar-
wasser und Porenwasser ist für die Pflanzenwurzeln sehr wichtig, ihr
Vorkommen entscheidet letztlich darüber, wann eine Pflanze zu welken beginnt.
Die maximal mögliche Speichermenge Wasser, die entgegen der Schwerkraft
und bei freiem Wasserabzug im Boden gespeichert werden kann, wird
Feldkapazität genannt, gemessen in ml H_2O/100 ml Boden.

Die Feldkapazität wiederum ist abhängig von folgenden Bedingungen:

a) Körnung des Substrats: Je feiner, desto größer die Oberfläche und desto
   höher die Wasserabsorption.

b) Bodengefüge: Je feinporiger, desto mehr Kapillarwasser.

c) Bodenkolloide: Wasseradsorbierende Humuskolloide, Tonminerale.

d) An Bodenkolloide adsorbierte Kationen mit unterschiedlichen Hydrathüllen:
   Na- Kolloide > K- Kolloide > Mg-Kolloide > Ca-Kolloide (KLINK 1998: 138ff).

Die Feldkapazität ist daher bei verschiedenen Böden sehr unterschiedlich.

Es gilt: **Sand < Lehm < Schluff < Ton < Torf**. Der Feldkapazität entspricht eine
bestimmte Wasserspannung im Boden und diese Wasserspannung hängt direkt
von der Bodenart ab. Es gilt: Je feinkörniger der Boden bzw. geringer die
Porendurchmesser und je weniger Wasser, desto höher die Wasserspannung.
Landpflanzen müssen mit ihren Saugkräften die Wasserspannung überwinden.
Das pflanzenverfügbare Bodenwasser wird durch die sog. nutzbare
Feldkapazität angezeigt. Ist dieses für die Wurzeln nutzbare Wasser aus den
Kapillaren (und dem Haftwasser) aufgebraucht, beginnt die Pflanze, auch bei
wasserdampfgesättigter Luft, zu welken. Dies gilt nicht für Wasserpflanzen.

Für den Nährstoffhaushalt der Pflanzen sind vor allem folgende chemische
Elemente wichtig: C, H, P, N, S, Na, Ca, K, Mg, Cu, Zn, B, Fe.

Eine weitere wesentliche Rolle spielt die Entstehung, Qualität und Quantität von organischen Verbindungen wie **Huminsäuren, Fulvosäuren, Huminen** und anorganischen wie den **Tonmineralen**, die die im Bodenwasser gelösten Ionen adsorptiv binden können.

Für den hieraus resultierenden pH-Wert des Bodens gilt: je saurer bzw. basischer, desto schwieriger ist es den Böden ackerbauliche Erträge abzuringen. Ackerbaulich wertvolle Böden wie die Braunerden und Parabraunerden haben bspw. einen pH-Wert zwischen 4,6 und 6,4 (SEMMEL 1993: 35f).

3.2 Bodenart und Bodengefüge

Bei der Bodenart sind die Korngrößen, entstanden aus dem verwitternden Ausgangsgestein, und dabei die Anteile von Sand, Schluff und Ton (Abb.4) wesentlich. Die prozentuale Zusammensetzung dieser Fraktionen entscheiden über die Bezeichnung der Bodenart: Eine Mischung bspw. aus Sand und Schluff wird je nach Vorwiegen einer Fraktion als schluffiger Sand oder sandiger Schluff bezeichnet. Eine Mischung aus Sand, Schluff und Ton bildet den Lehm. Abb. 4 zeigt die Bodenarten und ihre bodenkundliche Auswertung im Labor: In der Beispielprobe sind ca. 18 % Ton, 18 % Sand und ca. 64 % Schluff enthalten. Die Schluff-Fraktion überwiegt, daher kann die Bodenart als sandig-toniger Schluff bezeichnet werden.

Des Weiteren ist das Bodengefüge, etwa ein Polyeder-, Krümel- oder Schichtgefüge, als Porositätsfaktor für die Durchwurzelung, Belüftung und Wasserspeicherkapazität der Böden wichtig. Hier wird unterschieden

➢ in Einzelkorngefüge mit lose verbundenen Mineralen, Gesteinen und Humuspartikeln,

➢ in ein Kohärentgefüge mit zusammenhängender Bodenmasse,

➢ oder in ein Aggregatgefüge, das sich auf Grund der geometrischen Ausprägung seines Bodensubstrates als Polyeder, Prismengefüge oder etwa Plattengefüge zeigt.

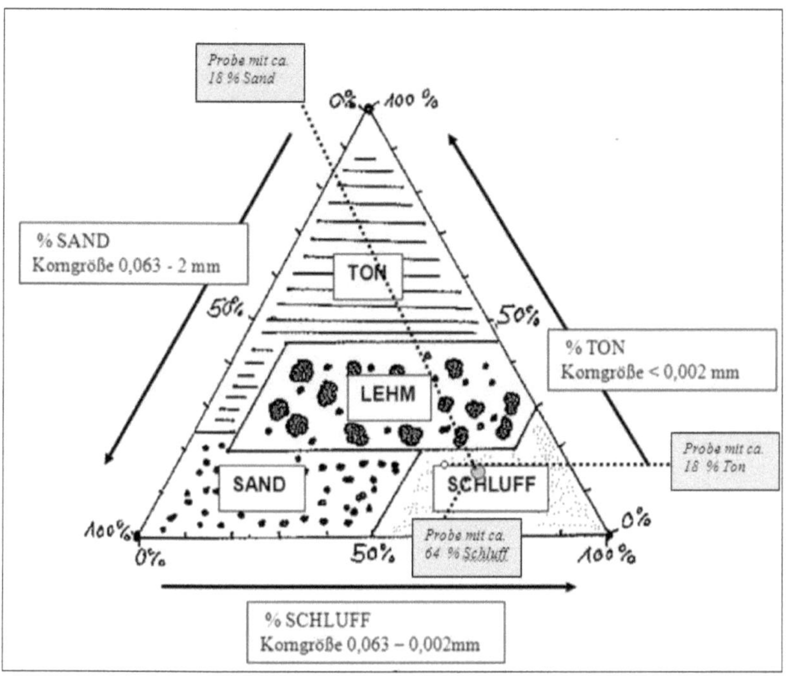

Abb. 4: Schematische Darstellung der Bodenarten und ihre Auswertung.
GÖTZ 2011, Darstellung in Anlehnung an ENßLIN/KRAHN/SKUPIN (2000: 27)

Nach SEMMEL (1993: 38) erfolgt bei Bodenanalysen auch eine Kennzeichnung des geologischen Substrates. Die vier Gruppen sind:

a) Diluvialböden (Pleistozäne und ältere Ablagerungen)

b) Alluvialböden (holozäne bis rezente Ablagerungen)

c) Verwitterungsböden aus Gestein

d) und Lössböden, welche separat betrachtet werden.

Lössvorkommen im Boden steigern die für die Agrarwirtschaft wichtige Bodengüte wesentlich. Die Entstehung des Lösses, seine Herkunft und sein Nutzen werden daher im Folgenden näher erläutert.

Löss ist ein Produkt physikalischer Verwitterung, das aus feinen Sanden der Steppen- und Wüstengebiete Innerasiens und der Sahara ausgeweht wird oder als Auswehung der letzten Eiszeit in Mitteleuropa sedimentierte.

Relikte dieser Sedimente finden sich heute in den Sanderflächen Nord- und Ostdeutschlands oder als äolische Sedimente in den Flusstälern wie etwa der oberrheinischen Tiefebene oder im Donaugebiet.

Der in Flussauen sedimentierte Löss wird als Schwemmlöss bezeichnet.

Mineralogisch besteht Löss vorwiegend aus Quarzkörnern und kalkhaltigen Gesteinsfragmenten. Andere Minerale kommen ebenfalls vor, jedoch meist in geringeren Mengen und in Abhängigkeit vom Liefergebiet. Durch Eisenhydroxide erhält der Löss seine meist schwach gelbe Farbe.

An den Nordrändern der Mittelgebirge, in Senken und Beckenlagen findet sich ebenfalls Löss. Im Übergangsbereich von Sanden aus dem Pleistozän bildet sich Sandlöss. Jüngerer Löss ist stark kalkhaltig, nicht geschichtet, porös, ein guter Wärmespeicher und daher für den Ackerbau sehr wertvoll.

Die kantigen Mineralien des Lösses sorgen für eine hohe Standfestigkeit des Bodens und begünstigen die Bildung steiler Lösswände an Flussufern und von Hohlwegen, außerdem finden sich häufig Konkretionen von Kalk und anderen ausgefällten Bodenbestandteilen im Löss, die sog. Lösskindl.

Verwittert der Löss durch chemisch-physikalische Prozesse, findet auch eine Verlagerung von Tonmineralen statt, es entsteht Lösslehm. Bei diesem Verlehmungsprozess färbt sich der Boden durch gebildete Eisenoxide braun.

3.3 Bodenfruchtbarkeit, Bodenbewertung und Bodenentwicklung im Pleistozän und Holozän

Für die Bodenfruchtbarkeit sind die Arten der vorhandenen **Tonmineralien** bedeutend (vgl. SEMMEL, 1993: 14 ff): Endprodukte der Silikatverwitterung sind Tonminerale, Oxide und Hydroxide, sie haben entscheidenden Einfluss auf die Sorptionsfähigkeit eines Bodens.

Korngrößen der Tonminerale unter 2 µm besitzen große Quell- und Schrumpfungsfähigkeit durch Flüssigkeitsaufnahme bzw. Flüssigkeitsabgabe. Sie wirken daher auch als Kationenaustauscher. Unterschieden wird in Zwei-, Drei- u. Vierschicht-Tonminerale.

In Mitteleuropa treten Zwei- und Dreischichttonminerale am häufigsten auf:

➢ **Zweischichtminerale** sind durch Wasserstoff-Brückenbindung zwischen den Tetraedern sehr stabil, die Kationenaustauschkapazität ist gering. Zweischichtminerale nehmen nur wenig Wasser auf, die Quellung erfolgt an den Rändern der Schichtpakete.

➢ Bei den **Dreischichtmineralen** schließen zwei Silizium-Tetraeder-Schichtpakete eine Aluminium-Oktaederschicht ein. Es besteht keine Wasserstoff-Brückenbindung und der Basisabstand zwischen den Silizium-Tetraedern ist größer als bei den Zweischichtmineralen. Daher nehmen Dreischichtminerale Wasser sehr gut auf, sie quellen und sind zudem gute Kationenaustauscher.

Für eine Bodenbewertung nach dem Verfahren der Reichsbodenschätzung von 1934 (BRD) werden folgende Kriterien hinzugezogen: Bodenart, geologisches Substrat, Zustandsstufe. Die daraus resultierende Bodenzahl (10-100) gibt ein ungefähres Maß für die Bodenfruchtbarkeit an (vgl. SEMMEL, 1993: 35 ff).

Für die Bodenentwicklung wichtige geologische und geomorphologische Entwicklungen im Quartär werden auf der folgenden Seite in einem knappen Exkurs in Kasten 1 dargestellt.

Wichtige erdgeschichtliche Ereignisse und die Bildung der heutigen Böden sind auf den Seiten 13-15, Tab. 1-1, 1-2 und 1-3 chronologisch dargestellt.

<h2 style="text-align:center;">KASTEN 1: EXKURS ERDGESCHICHTE</h2>
<h3 style="text-align:center;">Das Quartär: Pleistozän und Holozän</h3>

Das in Pleistozän ("Eiszeitalter") und Holozän (Nacheiszeit bis Gegenwart) gegliederte Quartär überdeckt als jüngste geologische Formation mit seinen Verwitterungsdecken und Bodenbildungen oftmals ältere Gesteine. Der Beginn bodenbildender Prozesse wird auf das Spätglazial datiert und erstreckt sich somit auf einen Zeitraum von ca. 13 000 Jahren. In subarktischen und arktischen Zonen begann eine erste Bodenentwicklung in den sog. Frostmusterböden. Eine Differenzierung in weitere Bodentypen wird bereits für diese Zeit angenommen (vgl. SCHMIDT 2002: 267).

Während des Pleistozäns rückten Gletscher aus Norden und Osten nach Deutschland vor, auch im süddeutschen Raum gab es mächtige Alpengletscher, die sich nach Norden vorschoben, etwa in der Würm- und Rißeiszeit. Die übrigen, nicht vereisten Gebiete bildeten den periglazialen Raum mit Tundrenklima.

Pleistozäne Bildungen können in fluviatile, äolische Ablagerungen und eiszeitliche Verwitterungsbildungen unterteilt werden. Zu den äolischen Sedimenten zählen oftmals mächtige, teils durch Niederschläge bereits stark entkalkte Lössdecken (s. Löss S.10f) und Flugsand. Relikte der einstigen Gletscher sind Moränen oder Geschiebelehm.

Viele Täler entstanden während des Pleistozäns. Fluviatile Ablagerungen aus dieser Zeit sind hauptsächlich Kies- und Sandablagerungen der Flüsse, auch dokumentiert durch die sog. Terrassenschotter (vgl. KUNZE et al. 1994: 54ff). Zu den pleistozänen Verwitterungsbildungen zählen auch Blockhalden aus Buntsandstein, Keupersandsteinen, Muschelkalk oder Jurakalken, die durch Frostsprengung entstanden.

Durch Solifluktion des Untergrundes rutschten diese Blöcke ins Tal. In Permafrostgebieten entstanden teilweise mächtige Hangschuttdecken, i. d. R. aus lehmigem Gesteinsschutt bestehend, die ebenfalls der Solifluktion unterlagen (vgl. WILHELMY 1974: 102ff).

Holozäne Bildungen sind neben den beschriebenen Bodenbildungen, den rezenten Lösssedimenten und Aueböden z. B. auch mächtige Kalksinterterrassen aus Süßwasserkalken, so z. B. die Gütersteiner Wasserfälle bei Bad Urach, die durch Zufuhr kalziumhydrogenkarbonathaltiger Quellwässer stetig wachsen (durch Karbonatausfällung bei Erwärmung des Wassers u. durch CO_2-Assimilation der Pflanzen wird Kohlensäure entzogen). Holozäne Moore entwickeln sich über Wasser stauendem Gesteinen wie Granit, Gneis oder vulkanischem Gesteinsuntergrund, aber auch über wasserundurchlässigen Tonsedimenten, den sog. Tonlinsen, im Boden.

Zeit	Formation und zeitlicher Beginn	Abteilung	Tab. 1-1: BODENBILDUNG UND ERDGESCHICHTE MITTELEUROPAS
Känozoikum	**Quartär** Beginn vor ca. 2,6 Mio. J.	**Holozän** Beginn v. rd. 12 000 J.	**Ausbildung rezenter Böden**; Torf, Schutt, Sand, Flugsand, Löss an Küsten, in Tälern und Flussauen; Auelehmbildung, Terrassen, Dünen, Moore. Klimaerwärmung und anthropogene Einflüsse (Besiedlung Mitteleuropas durch Bandkeramiker ca. 5700 v. Chr.; Rodung, Bebauung, vgl. Lüning/Stehli 1989: 111). **Klima und Vegetation**: Älteste Stufe **Präboreal** (kontinentales Klima, Birke, Kiefer)→ **Boreal** (trocken, kontinental, Hasel, Kiefer)→ **Atlantikum** (Klima-Optimum, warm u. feucht, atlantisch-ozeanisch, Erle, Eiche, Ulme, Linde, Esche)→ **Sub-Boreal** (kühler, kontinentaler, Buche, Eiche, Hasel)→ **Sub-Atlantikum** heute (kühl, feucht, atlantisch-ozeanisches Klima, Forstwirtschaft, Ackerbau, Buche, Eiche, Fichte).
		Pleistozän Beginn v. rd. 2,6 Mio. J.	Vergletscherung der Alpen und Norddeutschlands, Moränen, Periglazialgebiete mit Tundrenvegetation, Löss und Flugsande, boreale Nadelwälder, Torf. Wechsel von Warm- und Kaltzeiten mit Aufschotterung und Erosion. Terrassenbildung. <u>Zeitgliederung für das nördliche Alpenvorland u. angrenzende Gebiete</u>: Altpleistozän Biber-, Donau-komplex mit ältesten Deckenschottern →Günz-Glazial mit älteren Deckenschottern → Günz -/Mindel-Interglazial→ Mindel-Glazial mit jüngerem Deckenschotter, Mindel-/Riß-Interglazial→ Riß-Glazial mit Hochterrasse → Riß-/Würm-Interglazial→ Würm-Glazial mit Niederterrasse →Holozän mit Auenbildung. Beginn der menschlichen Besiedlung. „Homo heidelbergensis" in SW-Deutschland vor ca. 600 000 Jahren. <u>Zeitgliederung für Norddeutschland</u>: Prätegelen-Glazial → Tegelen-Interglazial → Eburon-Gl. → Waal-Intergl. → Menap-Glazial mit Flussschottern → Cromer-Intergl. → Elster-Glazial mit Oberterrasse → Holstein-Intergl. → Saale-Gl. Mit Mittelterrasse → Eem-Intergl. → Weichsel-Glazial mit älterer u. jüngerer Niederterrassen und Hochflutlehm → Holozän mit ältesten, älteren und jüngeren Auenlehmen (vgl. KUNTZE et al. 1994: 80ff).
	Tertiär 65 Mio. J.	Pliozän Miozän Oligozän Eozän Paläozän	**Paläoböden**; Braunkohle, Sande, Tone, Vulkanite Meeresregression, Alpidische Hauptorogenese, Ries-Meteorit. Vulkanismus (Vogelsberg, Rhön, Hegau), Bruchtektonik (z. B. Oberrheingraben), Molassemeer. Subtropisches Klima u. Vegetation, höhere Blütenpflanzen (Angiospermen). Aussterben der Dinosaurier (vgl. KUNTZE et al. 1994: 80ff, vgl. Landesamt f. Geologie, Rohstoffe und Bergbau Baden-Württemberg 1998: 7 u. 53ff).

Zeit	Formation und zeitlicher Beginn	Abteilung	Tab. 1-2: BODENBILDUNG UND ERDGESCHICHTE MITTELEUROPA
Mesozoikum	Kreide 144 Mio. J.	Oberkreide Unterkreide	Meeresregression Oberkreide, Beginn alpidische Orogenese, Flysch. Subtropisches Klima, Entwicklung Angiospermen, erste Vögel und höhere Säugetiere. Meerestransgression in U. Kreide. Kalk, Kreide, Mergel, Grünsand, Tone, Kohlebildung, Sandstein. In U. Kreide kühlfeuchtes Klima. Riesensaurier. Vorkommen der Formation z. B. Elbsandsteingebirge, Westfalen, Weserbergland, Rügen/Mecklenburg-Vorpommern.
	Jura 208 Mio. J.	Oberjura Weißer Jura (Malm) Mitteljura Brauner Jura (Dogger) Unterjura Schwarzer Jura (Lias)	Jurameer, Schelfmeer, Sedimentation der Deckgebirgsschichten: Lias-Tone und -mergel, Dogger-Tone, Sandstein, Bildung von Eisenoolith und Malm-Kalke, Mergel und Sandsteine. Ammoniten, Urvogel, kleine Säugetiere Klima: Im Oberjura warm bis arid; im Mittel- und Unterjura kühl und feucht. Weiterentwicklung der Gymnospermen und Farne. Vorkommen z. B. auf der Schwäbisch-Fränkischen Alb, in den Alpen/Schweizer Jura, dem Wesergebirge und Lothringen
	Trias 251 Mio. J.	Obertrias Keuper Mitteltrias Muschelkalk Untertrias Buntsand-stein	Flachmeer, Germanisches Becken. Sedimentation von Tonen, Mergeln, Gips und Sandsteinen. Bildung von Lettenkohle im U. Keuper. Flaches Meer, Sedimentation von Platten-, Trochiten-, Wellenkalk und Mergeln. Relativ leicht erodierbare Kalke, heute Karstgebiete mit Dolinen, Trockentälern, Karsthöhlen u. a. m. Germanisches Becken wird aufgefüllt mit Sandsteinen, Tonen und Konglomeraten. Trias-Klima Warm bis arid. Ammoniten, Belemniten, Gymnospermen, Farne und Schachtelhalme. Vorkommen z. B. im Thüringer Becken, Steigerwald, N-Schwarzwald, N-Hessen, Spessart, Odenwald, Pfälzer Wald (vgl. KUNTZE et al. 1994: 80ff, Landesamt für Geologie, Rohstoffe und Bergbau Baden-Württemberg 1998: 7 u. 26ff).

Zeit	Formation und zeitlicher Beginn	Abteilung	Tab. 1-3: BODENBILDUNG UND ERDGESCHICHTE MITTELEUROPA
Paläozoikum	Perm 296 Mio. J.	Oberperm **Zechstein** Unterperm **Rotliegend**	Einebnung von Gebirgsrücken und Auffüllung der Senken und Tröge. Kalk, Gips, Salze, Zechsteindolomit, Rotliegendarkosen, Tone. Starker Vulkanismus. Zechsteinbildung marin; Rotliegendes ist Festland-sediment. Klima im Unterperm humid, dann bis Oberperm zunehmend arid, Gymnospermen. Reptilien. Im Unterperm entsteht der Großkontinent Pangäa und die Tethys.
	Karbon 354 Mio. J.	Oberkarbon Unterkarbon	Variszische Gebirgsbildung. Tropisches Klima. Baumfarne, ersten Coniferen, Reptilien und Insekten. Granit.- Vorkommen z. B. Erzgebirge, Schwarzwald, Ruhr- und Saargebiet.O. Karbon Meeresregression, Steinkohlebildung. U. Karbon marin, Konglomerate, Trilobiten, Crinoiden, Korallen u. a.
	Devon 417 Mio. J.		Meer mit Inseln im Süden des Old-Red-Kontinent. Erste Insekten, Quastenflosser, Lungenfische. Urfarn Rhynia, Lebermoose. In sumpfigen Tropen des O. Devons erste Wälder, Schachtelhalme, Bärlapp. Bildung der ältesten Kohlevorkommen. Tonschiefer, Grauwacken, Quarzite, Vulkanite..
	Silur 443 J. Ordovizium 495 Mio. J.		Kollision Laurentia-Baltica führt zur kaledonischen Gebirgsbildung in Nordeuropa: Old-Red-Kontinent. Gneis, Ton- und Kieselschiefer, Kalke. Südlich davon Meer, Riffbildung und Panzerfische. Warmes Klima. Erste Gefäßpflanzen mit Xylem und Phloem, ohne Differenzierung in Wurzel, Stamm und Blätter. Rhyniophyta, Bärlappartige und Flechten.
	Kambrium 545 Mio. J.		Kontinetblöcke Gondwana, Laurentia, Baltica, Sibiria. Gneis, Grauwacken, Sandstein, Tonschiefer, Kalke. Zuerst kühles Klima, dann Erwärmung. Fossilreich (kambrische Explosion). Trilobiten, erste Schwämme mit Kalkskelett, Algen. Starker CO_2-Anstieg (vgl. KUNTZE et al. 1994: 80ff, Landesamt für Geologie, Rohstoffe und Bergbau Baden-Württemberg 1998: 7 u. 9ff).
	<u>**Präkambrium:**</u> Proterozoikum Archaicum Hädaikum	2500 Mio.J.-545 J. 4000-2500 Mio. J. 4600 Mio. J.	Bildung von Kontinentaltafeln. Plutonite, Vulkanite, Edelmetallbildung, Metamorphite. Klima wechselnd warm-kalt. Fossile Bakterienmatten (Cyanobakterien) entwickeln sich zu Stromatolithen. Vorkommen in Sachsen, Böhmen und Schlesien. Bildung der Erdkruste, Gebirgsbildung. Vulkanismus, Metamorphite. Kristalliner Sockel unter allen folgenden Gesteinen. Vorkommen z. B. in Vogesen, Schwarzwald, Odenwald, Spessart (vgl. KUNTZE et al. 1994: 80ff, Landesamt für Geologie, Rohstoffe und Bergbau Baden-Württemberg 1998: 7f).

4. EINFÜHRUNG IN DIE BODENSYSTEMATIK

Es bestehen mehrere Systeme nebeneinander (vgl. SEMMEL, 1993: 33ff):

1) Eine heute noch teilweise akzeptierte Einteilung erfolgte nach dem
russischen Bodenkundler Dokutschajew zu Beginn des 19. Jahrhunderts.
Er klassifizierte die Böden nach Klimazonen, die im Wesentlichen
den Vegetationszonen folgten. Die Einteilung erfolgt in Tundra-, Taiga-,
Laubwald-, Waldsteppen-, Steppen-, Halbwüsten-, Wüsten- und
Tropenböden. Weiter wird dann systematisiert in:

a) Zonale Böden: Natürlich entwickelte, dem Klima entsprechende Böden
mit A-B-C-Horizonten.

b) Intrazonale Böden: Vorkommen in allen Klimazonen, Gestein oder/und
Wasser verhindern Entwicklung der entsprechenden Klimaxböden,
z.B. Grundwasserböden wie Gleye; Moore; aber auch Kalkböden.

c) Azonale Böden: Ah – C - Böden, der Faktor Zeit fehlt, die Böden
befinden sich im Initialstadium, z.B. Rohböden, Rendzinen.

2) Die heutige Einteilung in der Bundesrepublik Deutschland sieht wie folgt
aus:

Hier wird die Bodensystematik nach MÜCKENHAUSEN (1959, 1977)
angewandt, welche die Bodentypen bzw. die pedogenen Merkmale
hervorhebt. Die Grundlage bildete ein von KUBIENA 1953
ausgearbeitetes System: Kategorien verwandter Typen bilden Klassen.
In der obersten Kategorie sind in insgesamt vier Abteilungen Böden
mit jeweils gleicher Einwirkung des Wassers beschrieben:

a)Terrestrische Böden,

b) semiterrestrische Böden,

c) subhydrische (= hydromorphe) Böden,

 d) und Moore.

Unterteilt wird dann jeweils weiter in Subtypen und Varietäten.

Die Kategorie der Bodenform behandelt Bodenart und Ausgangsgestein.

Weiterhin wird auch häufig die Bodenklassifikation der FAO (1988) heran-
gezogen, die Böden nach hauptsächlichen Merkmalen einteilt, etwa den
Grad der ackerbaulichen Nutzung, das Ausgangsgestein oder das Klima.
Beispiele hierfür sind der „Gleysol" = Boden mit ausgeprägt hydromorphen
Merkmalen, dem „Andosol" = Boden aus vulkanischem Lockergestein oder
dem „Luvisol" = lessivierter Boden mit gutem Basengehalt.

5. WICHTIGSTE BODENTYPEN, BODENPROFILE UND IHR VORKOMMEN IN MITTELEUROPA

Wie Karte 1 zeigt, gehört Mitteleuropa zur Zone der Braunerden und Parabraunerden (Lessivés) und liegt nach der Köppenschen Klassifikation im
Bereich der Feuchtgemäßigten Klimate mit Cf-Klima*, in Hochlagen im Bereich
des Df-Klimas* (vgl. WAGNER 1979: 333ff) oder nach SCHULTZ (2002: 136ff)
in der Zone der Feuchten Mittelbreiten. In der freien Landschaft bestimmen
ackerbaulich genutzte Flächen und sommergrüne Laub- und Mischwälder das
Landschaftsbild. Die Bodenfruchtbarkeit ist im Vergleich zu anderen
Klimazonen hoch (ders. 2002: 136).

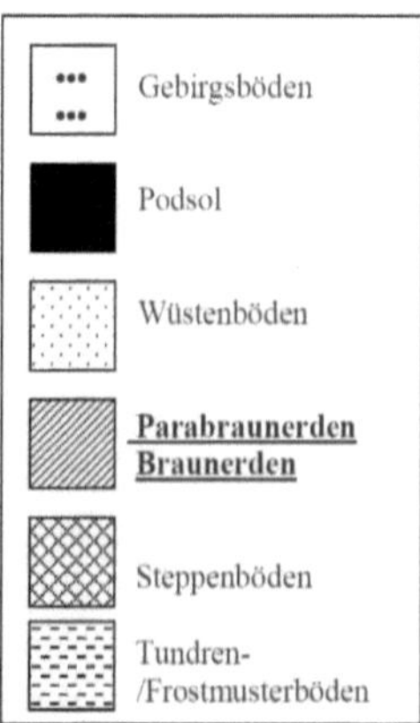

Karte 1: Zonale Böden in Mitteleuropa.
GÖTZ 2011 in Anlehnung an SEMMEL (1993: 44); GANSSEN/HÄDRICH (1965:46)

*(C = warmgemäßigte Regenklimate, kältester Monat über -3°C, Jahreszeiten, f = alle Monate feucht,
Cfb = Buchenklima, D = Schnee-Wald-Klima, kältester Monat unter – 3°C, wärmster noch über 10°C,
Dfb = Eichenklima).

Auf den folgenden Seiten (S. 18-22) werden die wichtigsten Bodenprofile, ihr
Vorkommen und die Nutzungsmöglichkeiten mit schematischen Skizzen
zum Bodenaufbau dargestellt (Abb. 5-1 bis 5-9):

Abb. 5-1 **Bodentyp** **Rendzina / Pararendzina**	**Vorkommen und** **Nutzungsmöglichkeiten**
A h - C – Böden 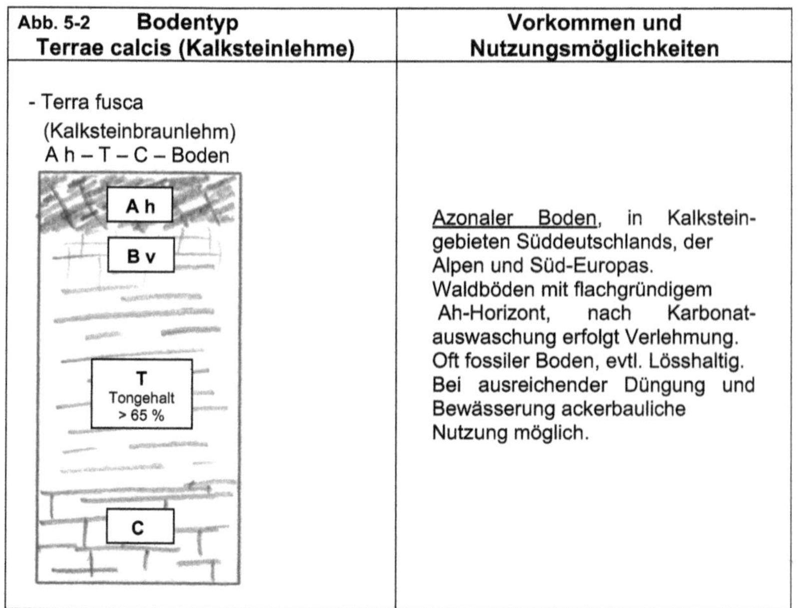	Azonale Böden, Süddeutschland, Alpen, Süd-Europa, Waldböden, da flachgründiger, karbonathaltiger Ah-Horizont. Nutzung: Forstwirtschaft, Grünlandnutzung zur Verbesserung des Ah-Horizontes.

Abb. 5-2 **Bodentyp** **Terrae calcis (Kalksteinlehme)**	**Vorkommen und** **Nutzungsmöglichkeiten**

- Terra fusca
  (Kalksteinbraunlehm)
  A h – T – C – Boden
 	
	Azonaler Boden, in Kalksteingebieten Süddeutschlands, der Alpen und Süd-Europas. Waldböden mit flachgründigem Ah-Horizont, nach Karbonatauswaschung erfolgt Verlehmung. Oft fossiler Boden, evtl. Lösshaltig. Bei ausreichender Düngung und Bewässerung ackerbauliche Nutzung möglich.

Abb. 5-3	**Bodentyp** **Schwarzerde**	**Vorkommen und** **Nutzungsmöglichkeiten**
A h – C – Boden (tschernosemartig)	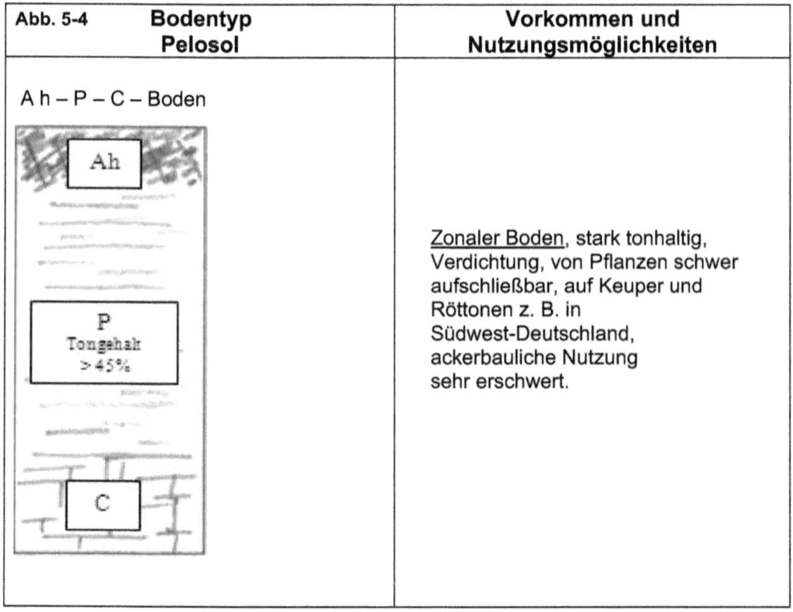	<u>Zonaler Boden</u>, Hannoveraner Börde, Tschechien, in Steppengebieten mit Semihumidem bzw. semiaridem Klima besonders ausgeprägt (Tschernosem). Allgemein Becken- und Leelagen. Allerbeste, ertragreichste mull- und lösshaltige Ackerböden mit bis zu 1,5m Ah-Horizont.

Abb. 5-4	**Bodentyp** **Pelosol**	**Vorkommen und** **Nutzungsmöglichkeiten**
A h – P – C – Boden		<u>Zonaler Boden</u>, stark tonhaltig, Verdichtung, von Pflanzen schwer aufschließbar, auf Keuper und Röttonen z. B. in Südwest-Deutschland, ackerbauliche Nutzung sehr erschwert.

<table>
<tr><td>Abb. 5-5   Bodentyp
Braunerde</td><td>Vorkommen und
Nutzungsmöglichkeiten</td></tr>
<tr><td>

A h – B v – C – Böden
- nährstoffreiche Braunerden
- saure, nährstoffarme
  Braunerden

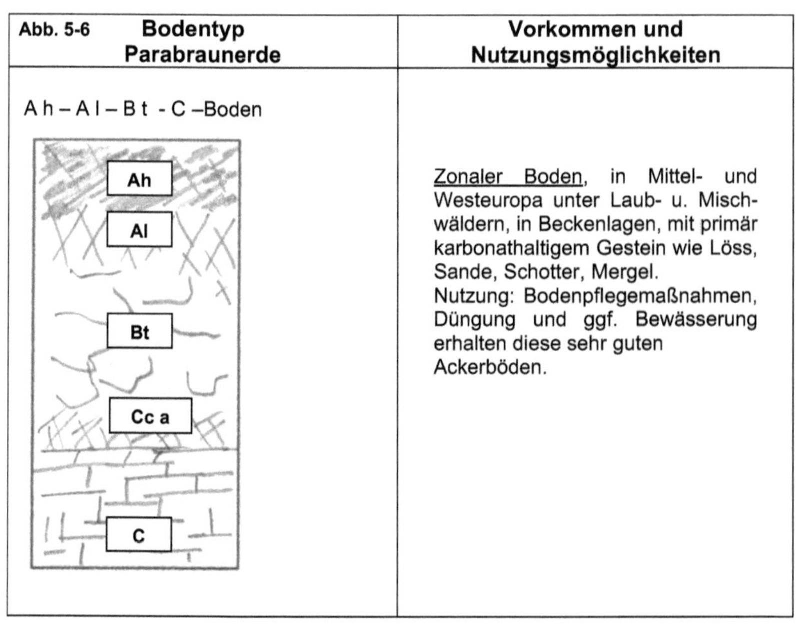

</td><td>

<u>Zonaler Boden</u>, in Mittel- und Westeuropa unter Laub- u. Mischwäldern in schwachen/mittleren Hanglagen auf karbonatarmen Gestein.

Nutzung: Ertragreiche Waldböden. Bei Bodenpflegemaßnahmen, Düngung und Bewässerung in trockenen Lagen auch gute Ackerböden.

</td></tr>
</table>

<table>
<tr><td>Abb. 5-6   Bodentyp
Parabraunerde</td><td>Vorkommen und
Nutzungsmöglichkeiten</td></tr>
<tr><td>

A h – A l – B t - C –Boden

</td><td>

<u>Zonaler Boden</u>, in Mittel- und Westeuropa unter Laub- u. Mischwäldern, in Beckenlagen, mit primär karbonathaltigem Gestein wie Löss, Sande, Schotter, Mergel.
Nutzung: Bodenpflegemaßnahmen, Düngung und ggf. Bewässerung erhalten diese sehr guten Ackerböden.

</td></tr>
</table>

Abb. 5-7 **Bodentyp Podsol**	**Vorkommen und Nutzungsmöglichkeiten**
O– A h – A e – B h – B s – C – Boden 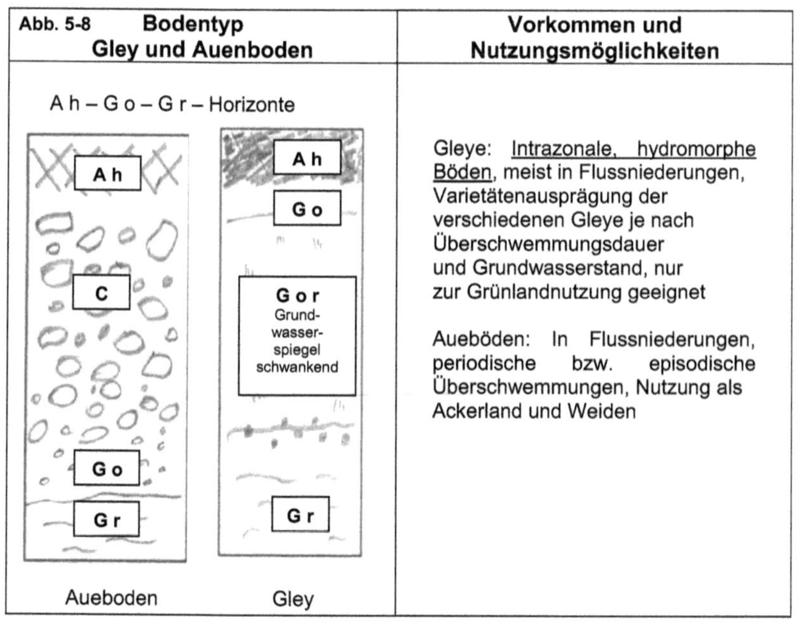	Zonaler Boden, Norddeutsches Flachland, Belgien, Nord-Frankreich, Großbritannien z. B. auf Sander, aber auch auf Buntsandstein mit Nadelwald (Schwarzwald), in den nördlichen Kalkalpen oder in den Vogesen. Podsolvarianten sind z. B. der Humuspodsol (O- A h - A e – B s h – C - Boden) oder der Eisenpodsol mit Ortstein-bildung (O – A h – A e – B s - C). Vorkommen in Verbindung mit Mooren, Gleyen u. a. Bei Meliorationsmaßnahmen forst-wirtschaftlich und als Grünland nutzbar.

Abb. 5-8 **Bodentyp Gley und Auenboden**	**Vorkommen und Nutzungsmöglichkeiten**
A h – G o – G r – Horizonte 	Gleye: Intrazonale, hydromorphe Böden, meist in Flussniederungen, Varietätenausprägung der verschiedenen Gleye je nach Überschwemmungsdauer und Grundwasserstand, nur zur Grünlandnutzung geeignet Aueböden: In Flussniederungen, periodische bzw. episodische Überschwemmungen, Nutzung als Ackerland und Weiden

Abb. 5-9 **Bodentyp** **Moor**	**Vorkommen und** **Nutzungsmöglichkeiten**
- **Niedermoor** (**nH** 1 – **nH** 2 - x – Horizonte) A/G nH- Horizont G 1/G o G 2/G r - **Übergangsmoor** (**üH** 1 – **üH** 2 - x – Horizonte) - **Hochmoor** (**hH** 1 – x – Horizonte) (H = Humose Substanz)	**Nieder- und Übergangsmoor:** Nährstoffreich, meist in Flussniederungen und Verlandungsbereichen von Seen mit hohem Grundwasserstand, besteht überwiegend aus organischer Substanz, Torfbildung. Nutzung: Torfgewinnung, Moorgewinnung für medizinische Zwecke. Bei Entwässerung und Torfumbruch und Düngung auch als Grünland. Hochmoor: Nährstoffarm, i. d. R. durch Vermoosung von Wäldern entstanden, Bildung auf stauendem Untergrund wie z. B. Röttone, uhrglasartige Aufwölbung, extrem sauer, Sphagnum-Moosarten, Torfbildung. Vorkommen bspw. in Nordwest- und Ostdeutschland, Alpenvorland, in Mittelgebirgslagen. Oft in Verbindung mit Podsolen.

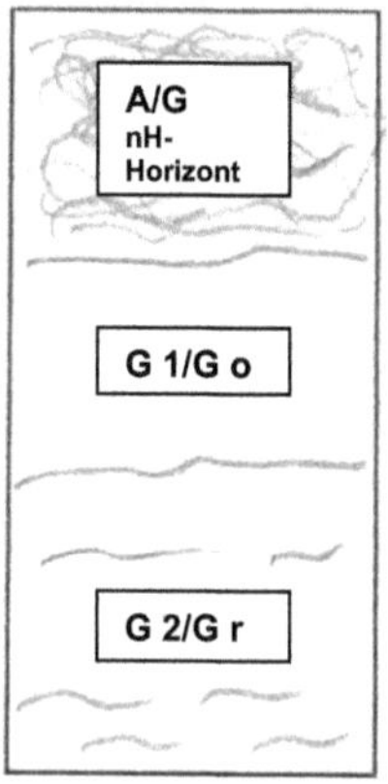

Abb. 5-1 bis 5-9: Bodentypen, Vorkommen und Nutzungsmöglichkeiten.
GÖTZ 2011, Darstellung in Anlehnung an GANSSEN (1965)

6.   AUEBÖDEN IN MITTELEUROPÄISCHEN FLUSSLANSCHAFTEN

Geologische, geomorphologische und klimatische Prozesse sowie anthropogen verursachte Eingriffe haben Auswirkungen auf den Landschaftshaushalt und die Bodenbildung.

Zu den nachhaltigen, anthropogenen Eingriffen zählen Landschaftsverbrauch durch Siedlungstätigkeit und Landwirtschaft, aber auch Bergbau oder geplante Eingriffe in Flusssysteme. Folge solcher Eingriffe sind großflächig einsetzende Prozesse wie Bodenerosion durch Zerstörung der schützenden Vegetationsdecke und Akkumulationsprozesse andernorts bspw. an den Ufern von Fließgewässern. Seit dem Neolithikum wurden anthropogen durch Rodung und Ackerbau große Veränderungen im Landschaftsbild verursacht. Gerade offene Ackerflächen

Bieten Angriffsflächen für sog. gravitative und spülaquatische Prozesse. So führt etwa die Rodung von Wald zur Verringerung von Retentionsflächen, da die vorhergehende, üppige Vegetation mit ihrer Wasseraufnahme fehlt. Ein hierdurch vermehrter und beschleunigter Oberflächenwasserabfluss hat flächenhafte Bodendenudation zur Folge. Eine weitere Folge ist die veränderte Dynamik der Fließgewässer durch den gesteigerten Sedimenteintrag, welcher mitverantwortlich für Flussbettverlagerungen ist. Zeugnis hierfür ist die im Neolithikum einsetzende **Auelehmbildung.** In vielen Landschaften wurden hierdurch bis zu zwei Meter Sediment akkumuliert. Mittelalterliche und frühindustrielle Rodungen sowie die Anlage von Ackerterrassen, Hochäckern und Brachfeldern hatten solche Auswirkungen.

In Regionen mit Sandböden lösen Rodungen Flugsandauswehungen aus: Dünen und neue Flugsandfelder entstehen andernorts, wofür die Nutzungsartenwechsel von Wald zu Weide oder Wald zu Acker in Norddeutschland Beispiele sind. Folgen des erhöhten Sedimenteintrags in die Gewässer sind auch Deltabildungen. Als prägnantes Beispiel sei hier der Po genannt, dessen Delta jährlich um circa 70 Meter wächst (LESER 1993: 193ff).

Die für Ackerbau und Weidewirtschaft wichtigen **Aueböden** entstehen durch Überflutung von Talböden. Sedimente der Flussfracht lagern sich auf dem Talboden entlang des Flussbettes ab, so entsteht zunächst der sog. Auelehm.

Auelehm ist somit ein geologisch junges Substrat, das sich als feinkörnige, humushaltige Lehmdecke bei den jährlich eintretenden Überschwemmungen der Talböden ausbildet.

Auelehm ist in Mitteleuropa seit dem Neolithikum nachweisbar und Zeugnis der forst- und ackerbaulichen Tätigkeiten der damaligen Siedler. In Folge von Waldrodungen kam es zu verstärkter Bodenerosion, was den Sedimenteintrag in Gewässer begünstigte. Auelehmdecken wurden in mehreren Phasen abgelagert und lassen sich deshalb auch mit Siedlungsphasen korrelieren (vgl. SCHEFFER u. SCHACHTSCHABEL 1998: 31ff u. 438ff; EITEL 2001: 91).

In der Regel sind nach der Sedimentausbildung drei Komplexe (ältester, älterer und jüngerer Auelehm) zu unterscheiden. Die ältesten Auelehme sind häufig tonig mit schwarzem, reliktischem Boden und entkalkt. Jüngere Auelehme wurden meist infolge der holozänen Bodenerosion (insbes. Mittelalter, Neuzeit) gebildet und sind noch nicht entkalkt.

Die Auelehmablagerung kann terrassenförmig oder nahezu vertikal auftreten:

a) Bei terrassenförmigem Aufbau finden sich Älteste Auelehme auf höher gelegenen Terrassen oberhalb der Mittel- und Niederterrasse. Sie werden nur noch bei extremen Hochwassern überflutet. Die Mittleren Auenterrassen liegen durchschnittlich 1m tiefer als die höheren Auenterrassen und folgen meist dem heutigen Flusslauf. Die tiefere Auenterrasse verläuft entlang des Flusslaufes. Der Höhenunterschied zur mittleren Auenterrasse kann 1,5 bis 2,5 m betragen.

b) Ein vertikaler Bodenaufbau entsteht bei geringerem Gefälle des Flusses, bevorzugt in breiten Talabschnitten oder in Senkungsgebieten. Hier überdecken jüngere Auelehme die älteren Auelehme (vgl. SCHEFFER/ SCHACHTSCHABEL 1998: 31ff und 438ff).

Aueböden haben sich auf holozänen Flusssedimenten entwickelt. Diese Böden sind durch stark schwankende Grundwasserstände gekennzeichnet, entsprechend dem Wasserspiegel der Flüsse. In Gebieten, in denen der Grundwassereinfluss nur bei kurzfristigen Überflutungen im Oberboden wirksam wird, finden sich Auenböden.

Aueböden sind aufgrund ihrer hohen biologischen Aktivität homogen durchmischt und im Oberboden dunkelbraun gefärbt. Bei fehlender biologischer Aktivität bleibt die Sedimentschichtung erhalten.

Aueböden (viele Varietäten je nach Lage, Grundwassereinfluss, Bewirtschaftung; relativ häufige Horizontabfolge Ah-Go-Gr), auf denen der Auwald mit seiner vielfältigen Vegetation wächst, eignen sich für den Ackerbau im Sommer und insbesondere für die Bewirtschaftung als Grünland.

Mit steigendem Grundwasserspiegel bilden sich Gleye. Diese Böden sind im Aufschluss durch ein fleckiges Aussehen gekennzeichnet, bedingt durch die Ausfällung von Eisen- und Manganoxiden. Gleye sind weniger fruchtbar, da der Grundwasserspiegel i. d. R. für Getreidepflanzen zu hoch ist. Diese vernässten Böden werden daher meist als Grünland genutzt. Ist die Ablagerung von Auesedimenten z. B. durch Flussregulierungen eingeschränkt oder unterbunden, können sich die Auen zu Braunerden entwickeln.

In Cf-Klimaten wie in Mitteleuropa bilden sich an Bächen und Flüssen häufig Talauen, d. h. eine flache Zone unmittelbar an beiden Ufern, die meist nach der Schneeschmelze, aber auch bei Starkregenereignissen überflutet wird. Das Hochwasser tritt auf, wenn durch extreme Zufuhr von Oberflächenwasser sowie einem schon bestehenden hohen Grundwasserspiegel insgesamt mehr Wasser abfließt, als vom Flussbett aufgenommen werden kann.

Diese Flusslandschaften bilden mit ihren Sedimenten, den grundwassergesättigten Böden und dem lokalen Klima eigenständige Bodenregionen. So sind z. B. die fruchtbaren Talauen von Weser und Elbe in die Geest eingebettet.

Im Gebirge sind Täler häufig von Schwemmfächern aus Geröll begleitet. Hier wird wenig bis kein Sediment abgelagert, die Auebildung fehlt bzw. bleibt im Initialstadium.

Zeitlich lassen sich die Flusslandschaften in holozäne Talauen und quartäre, Würm- bzw. Weichselzeitliche Fluss(Nieder-)terrassen gliedern.

Flussterrassen sind fluvial gebildete Terrassen und quasi Reste früherer Talsohlen. Sie entstehen, wenn sich Fließgewässer nach einer Zeit der Sohlenbildung bzw. der Aufschotterung erneut eintieft. Solche Terrassen können sowohl aus Aufschotterungs- als auch aus Abtragungssohlen entstehen.

Im ersten Fall spricht man von Schotter- oder Akkumulationsterrassen, im zweiten von Fels- oder Erosionsterrassen. Hauptursachen der Terrassenbildung sind tektonische Hebung, vermehrte Wasserführung und eustatische Absenkung des Meeresspiegels. Durch wechselnde Akkumulations- und Erosionsphasen bei gleichzeitiger Eintiefung der Flüsse entstanden ganze Abfolgen von Terrassentreppen. Generell werden Terrassen stratigraphisch in Hauptterrasse, Mittelterrasse und Niederterrasse gegliedert.

Die Hauptterrassen als höchste pleistozäne Flussterrassen liegen oberhalb der Mittel- und Niederterrassen. Die von Hochflutlehm bedeckte Niederterrasse wird noch bei starken Hochwassern überflutet, lokal finden sich auch holozäne Dünen mit jungen Rohböden wie sie in der Rheinebene anzutreffen sind. Aus den Hochflutlehmdecken entwickelten sich Braunerden und Parabraunerden.

In den am tiefsten gelegenen Bereiche der Flussauen kommt der Grundwasser-stand bei der Bodenbildung zum Tragen. Hier entwickelten sich neben den Aue-böden vor allem Kolluvien, Niedermoore und Gleye (vgl. KUNZE et al. 1994: 54ff).

7. FAZIT

Böden und Wasser sind lebenswichtige Ressourcen für Mensch und Tier und verdienen ebenso Beachtung wie etwa die Diskussionen zum Klimawandel.
Bereits durch die Besiedelung Mitteleuropas seit dem Neolithikum veränderte sich das Landschaftsbild nachhaltig. Hier traten Änderungen noch insbesondere durch die Bearbeitung der Böden und die Nutzung vorhandener Ressourcen ein. Durch die starke Nutzung der vorhandenen Vegetation, insbesondere der Wälder, wurde die Bodenerosion begünstigt. Eintretenden Reliefveränderungen folgten gravitative Bodenverlagerungsprozesse, bis dahin ungestörte Bodenhorizonte unterlagen einer Degradation. Hierbei spiegelt vor allem die Entstehung der Auelehme den Grad der Bodenbearbeitung wider.
Durch den massiven Flächenverbrauch in den industrialisierten Ländern verschwinden unter Betonflächen zunehmend mehr fruchtbare Böden und damit Ackerflächen, die guten oder gar großen Ertrag geliefert hätten wie eben die Böden Mitteleuropas.

Ein Rückbau ist schwierig und langwierig. Die verbleibenden Böden sind heute meist mit Schwermetallen belastet und für den Ackerbau mittel- bis langfristig nur bedingt nutzbar.

Es lohnt sich also, sich mit dem Faktor Boden zu befassen, seine besonderen Eigenschaften zu erkunden und sich der Bodenpflege zu widmen.

Ein weiterer wichtiger Faktor ist das Wasser, ohne welches auf unserem Planeten kein Leben möglich wäre. Wasser ist für die Bodenfruchtbarkeit wichtig, in Wasser lösen sich viele Mineralsalze, Wasser entscheidet über das Bodengefüge.

Wasser, selbst in Kapillarräumen, ist ein wichtiger Nutzungsfaktor für Pflanzen.

Die dargestellten Böden entwickelten sich über hunderte von Jahren in ihrer heutigen Vielfalt. Für sie ist in gleichem Umfang Sorge zu tragen wie für die Wasserqualität von Gewässern und Flüssen. Diese Vielfalt und die Nutzungsmöglichkeiten gilt es auch für die Nachkommen zu erhalten.

8. LITERATUR

EITEL, B. (2001): Bodengeographie. Westermann Verlag. Braunschweig.
(Das Geographische Seminar. Hrsg. DUTTMANN, R.; GLAWION, R.;
POPPP, H.; SCHNEIDER-SLIWA, R.)

ENßLIN, W.; KRAHN, R.; SKUPIN, S. (2000): Böden untersuchen.
Verlag Quelle & Meyer. Wiebelsheim.
(Biologische Arbeitsbücher; 52)

FAO-UNESCO (1990): Soil Map of the World.
Prepared by the Food and Agriculture Organization of the United Nations lege, 2, 1990.
Revised Legend. Rom.
(World soil resources report ; 60)

GANSSEN, R./HÄDRICH, F. (1965) (Hrsg.): Atlas zur Bodenkunde. Mannheim.

GÖTZ, D. (2002): Vorlesungsskript Bodenkunde. Vorlesung Prof. E. BIBUS, WS
2001/02, Univ. Tübingen, Geographisches Institut. Tübingen.

LAATSCH, W.; SCHLICHTING, E. (1959). Bodentypus und Bodensystematik.
Zeitschr. f. Pflanzenernährung, Düngung, Bodenkunde. Bd. 87 (2). Weinheim. S. 97-108

LANDESAMT FÜR GEOLOGIE, ROHSTOFFE UND BERGBAU (1998) (Hrsg.):
Geologische Schulkarte von Baden-Württemberg 1:1000000 mit Erläuterungen.
12. überarb. u. erw. Aufl., überarb. durch Groschopf, R. u. Villinger, E. mit Beiträgen von
Brüstle, W.; Link, G.; Wagenplast, P.; Zwölfer, F.; Crocoll, J.. Freiburg i. Br.

LESER, H. (1993) : Geomorphologie. Reihe: Das Geographische Seminar, 8 Aufl.,
Braunschweig.

LÜNING, J. et al. (1989): Siedlungen der Steinzeit: Haus, Festung und Kult. [
(Siedlungsarchäologie, Ursprünge der Kulturlandschaft, Seßhaftwerdung, neolithische
Revolution, erste Bauern, frühe Stadtkulturen, megalithische Monumente, Haustypen,
Wehranlagen, Kultstätten). Heidelberg.

KLINK, H.-J. (1998) : Vegetationsgeographie. Braunschweig.
(Das Geographische Seminar, 3. Aufl.)

KUBIENA, W. L. (1953): Bestimmungsbuch und Systematik der Böden Europas:
illustriertes Hilfsbuch zur leichten Diagnose und Einordnung der wichtigsten europ.
Bodenbildungen unter Berücksichtigung ihrer gebräuchlichsten Synonyme. 1. Ausg.
Madrid : Consejo Superior de Investigaciones Cientificas, Institut für Bodenkunde;
Stuttgart.

KUNTZE, H.; ROESCHMANN, G.; SCHWERTFEGER, G. (1994): Bodenkunde.
5. Aufl.. Stuttgart.

MÜCKENHAUSEN, E. (1977): Entstehung, Eigenschaften und Systematik der Böden
der Bundesrepublik Deutschland, 2. Aufl., Frankfurt a. M.

MÜCKENHAUSEN, E. (1959): Die wichtigsten Böden der Bundesrepublik Deutschland: Dargestellt in 60 farbigen Bodenprofilen mit Erläuterungen, 2. Aufl., Frankfurt a. M.

SCHEFFER, F.; SCHACHTSCHABEL, P. (1998): Lehrbuch der Bodenkunde. 14. Aufl.. Stuttgart.

SEMMEL, A.(1993): Grundzüge der Bodengeographie, 3. Aufl. Stuttgart.

SCHMIDT, R. (2002): Böden. In: LIEDTKE, H.; MARCINEK, J. (2002) (Hrsg.): Physische Geographie Deutschlands. 3. Aufl.. Stuttgart. S. 255-288

SCHULTZ, J. (2002): Die Ökozonen der Erde. 3. Aufl.. Stuttgart. S. 136-160

WAGNER, J. (1979): Physische Geographie a d. Reihe Das Große Handbuch der Geographie, 8. Aufl.. München.

WILHELMY, H.(1974): Klimageomorphologie in Stichworten. Teil IV der Geomorphologie in Stichworten. Kiel.
Reihe Hirts Stichwortbücher

9.   ABBILDUNGSVERZEICHNIS